奇趣百科大揭秘

小动物大智慧

崔钟雷 主编

知识出版社

前 言

　　打开这套百科丛书，仿佛品味着动植物世界的无穷魅力，又好像从喧嚣的闹市中嗅到来自大自然的缕缕清香。无论是"自然界中的杀手"，还是"动植物王国中的那些奇葩"，都向读者展现出动植物为了生存、繁衍和发展，呈现出的缤纷多彩的行为策略和生活技能。与传统百科丛书不同的是，本套丛书跳出了晦涩难懂的专业名词和数据的束缚，用简洁明了的文字和图文并茂的形式，展示了动植物在大自然中显露出的巧妙伪装和绚丽色彩。从最令人反感的到最奇怪的，从最可怕的到最迷人的，我们将在这里向充满好奇而又渴求知识的青少年朋友展现动植物世界的神奇魅力。

　　丛书中精美的图片是对大自然视觉的展示，摄影师的镜头为您展示出了大自然中动植物的奇妙世界。为了使阅读真正成为"悦读"，编者用栩栩如生的图片和简洁易懂的标题，如《植物的怪诞本性》《自然界中的万人嫌》《找个邻居好安家》，使您在欣赏图片和了解知识的同时与奇妙的大自然融为一体。知识的趣味性和全面性使得本套丛书成为绝对值得青少年朋友拥有的科普读物。

　　与灌输式介绍说再见，用独特的视角对千余种动植物展开妙趣横生的探索。《奇趣百科大揭秘》将带您步入一个神奇的自然世界。

目录
CONTENTS

目录
CONTENTS

第三章
小动物的大本领

奇趣百科大揭秘

//QIQU BAIKE DAJIEMI

第一章
人类的好帮手

秃鹫的**异食癖**

　　秃鹫有一个很奇怪的饮食习惯，它多以哺乳动物的尸体为食。虽然无法知道那些食物的吸引力在哪里，但是它却帮助人类清理了草原的垃圾。

　　秃鹫在寻找食物时很谨慎，有一套独特的方法。它知道有些活跃的哺乳动物在休息时常聚集在一起，因此就特别留意那些孤零零地躺在地上的动物，很有可能那就是它的晚餐。经过近两天的观察，秃鹫确定那的确是尸体后，才会飞过去。接下来就是吃饭时间

秃鹫头部为褐色绒羽，后头羽色稍淡，颈裸出，呈铅蓝色。

了，秃鹫张开大嘴，撕开面前的美食，狼吞虎咽地吃了起来。

虽然秃鹫长相丑陋，叫声难听，但它却同人类一起为保护环境做出了努力，是名副其实的"环境卫士"。

智多星训练营

秃鹫又叫秃鹰、坐山雕，是食腐肉为生的一类大型猛禽。秃鹫终年留居中国西部山地，偶见于中国东部。秃鹫体大，全长约110厘米，体重7~11千克，是高原上体格最大的猛禽。它们筑巢于高大乔木上，以树枝为材，内铺小枝和兽毛等。

秃鹫形态特殊，可供观赏。

由于啄食尸体的需要，秃鹫带钩的嘴十分锋利。

自然档案馆

纲：鸟纲
目：隼形目
科：鹰科

几何学家——蜣螂

　　蜣螂，俗称屎壳郎，体黑色或黑褐色，大中型昆虫。大多数蜣螂以动物粪便为食，有"自然界清道夫"的称号。

　　初夏是屎壳郎最繁忙的季节，如果发现了食物，它们就用自己铲状的头和桨状的触角把粪便滚成适宜运输的形状，或是苹果形，或是圆球形，或是鸭梨形，然后把粪球"滚"到自己的"家"。

　　屎壳郎不用任何工具，只用自己的头和触角就可以把粪便滚成规整的形状，不得不说它是天生的"几何学家"。而它的食物是破坏环境的动物粪便，这么说来，人类还得感谢屎壳郎呢。

智多星训练营

蜣螂属鞘翅目蜣螂科，是一种能利用月光偏振现象进行定位，以帮助取食的昆虫，有一定的趋光性。世界上有 2 万多种蜣螂，分布在南极洲以外的任何一块大陆。最著名的蜣螂生活在埃及，有 1~2.5 厘米长。世界上最大的蜣螂是长达 10 厘米的巨蜣螂。

雌蜣螂在粪球中产卵，幼蜣螂也以粪球为食。

自然档案馆

纲：昆虫纲

目：鞘翅目

科：金龟亚科

蜣螂有 3 对足，适于开掘。

做农活的七星瓢虫

　　蚜虫吸食农作物的营养，为农民伯伯所憎恨，而七星瓢虫却以蚜虫为食，因而成为了人类的好帮手。

　　七星瓢虫将卵产在有很多蚜虫生长的农作物上，刚刚孵化出来的小七星瓢虫专门以蚜虫为食，仅一只七星瓢虫幼虫就可以吃掉 4 000 只蚜虫。木槿花上会有很多蚜虫，农民们便将木槿花种在田地里，这样就可以吸引七星瓢虫取食木槿花上的蚜虫，顺便还可以将农田里的蚜虫也一并清理干净。

　　七星瓢虫在填饱自己肚子的同时又帮助农民"做了农活"，真不愧是让人感激的益虫。

七星瓢虫外形似半个圆球，体色鲜艳，具黑、黄或红色斑点。

自然档案馆

纲：昆虫纲

目：鞘翅目

科：瓢虫科

除虫专家——啄木鸟

啄木鸟以啄树木捉虫而得名。它可以用长喙敲击树干感知害虫的位置，然后用利喙在树上凿个洞，直插进害虫的巢内。啄木鸟的舌头上长着许多肉倒刺，舌尖还能分泌黏液，就连幼虫和虫卵也能一网打尽。因此，啄木鸟被人们亲切地称为"森林医生"，是树木的好朋友，也是人类的好朋友。

啄木鸟每天能吃掉大约 1 500 条害虫。由于啄木鸟食量大，活动范围广，在森林中可以消灭大量害虫，可谓是最称职的"森林医生"。

啄木鸟的大脑的骨骼构造和肌肉分布能够缓冲外力和消震，还能够让啄喙更精准地瞄准树干，使得啄击树木时其头部始终保持做直线运动。

啄木鸟的舌头

啄木鸟的舌头细长而富有弹性，舌根是一条弹性结缔组织，可使舌头伸出嘴外达 12 厘米。

啄木鸟尾部羽毛坚硬，可以支在树干上，为身体提供支撑。

智多星训练营

啄木鸟，在我国的主要种类有灰头绿啄木鸟和大斑啄木鸟。啄木鸟利用长喙敲击树干时发出的声音找到害虫的位置，然后用利喙和舌头找出害虫。啄木鸟主要以天牛、吉丁虫、透翅蛾、蠹虫等害虫为食，一个冬天可以消灭其活动范围内的大部分害虫。

大食量的海牛

海牛外形像纺锤，长 3~4.5 米，体重 360 千克左右，在水中游速可达 25 千米 / 小时，生活在浅海及河口一带，少数种类栖息在河流中。

海牛以水草为食，是海洋中唯一的草食哺乳动物，它的肠子有 30 米长，食量很大，能吃掉相当于自身体重 5%~10% 的水草，因而得名"水中除草机"。在热带和亚热带一些地区水草成灾，阻碍水电站发电，堵塞河道和水渠。若将海牛放入这些地区的河道内，便可以帮助人类疏通河道，防止水草成灾。水草给人类带来的问题都迎刃而解了。

海牛皮下储存有大量脂肪，能在海水中保持体温。

智多星训练营

　　海牛是珍稀的海洋哺乳动物，全身都具有商业价值，肉可食用，成年海牛的脂肪可提炼成油，皮可制成皮革，甚至连骨头也被当作象牙的替代品用于雕刻。海牛也是我国濒临灭绝的脊椎动物之一，人类的不断捕猎造成部分地区海牛种群数量急剧减少。

海牛哺乳时，用一对偶鳍将幼海牛抱在胸前，并将上身浮在水面上，半躺着喂奶，与传说中的美人鱼颇为相似。

海牛尾部扁平略呈圆形，外观有如大型的船桨。

海牛有短颈，眼睛细小，视力不佳，但听觉良好。

斑鬣狗的美餐

斑鬣狗是一种食肉动物，它们擅长吃腐肉，因此被称为草原上的"清道夫"。

斑鬣狗十分凶猛，不仅仅以腐肉为食，也经常狩猎一些大型的有蹄类动物。它们一般会选择族群中体能较弱的动物进行围捕。当狩猎大型猎物时，斑鬣狗会先咬住猎物的下半身并撕开腹部。一只斑鬣狗每次可以吃 14.5 千克的肉，差不多只是自身体重的三分之一。斑鬣狗的消化能力很强，可以消化整只猎物，包括其皮肤、牙齿、角、骨头及蹄，它们亦可从干尸中吸收营养。

它们喜欢清理其他动物吃剩的肉和骨头，这样可以防止动物尸体腐烂变臭、滋生细菌，从而保护草原环境。

智多星训练营

斑鬣狗大部分食物都是靠狩猎得来的，而不仅仅吃腐肉。它们靠视觉来选择猎物而非嗅觉。斑鬣狗在吃食物的时候一般会先吃内脏及脚部的肌肉，若是怀孕的雌性猎物它们则会先吃胎儿，头部留至最后。由于它们摄入了大量的钙质，所以其粪便有硬壳呈白色。

斑鬣狗一般都是群体捕猎，一只斑鬣狗就足以杀死成年雄性角马。

斑鬣狗是非洲的哺乳动物中发声最多的动物，已发现超过 11 种不同的声音。

斑鬣狗皮毛呈淡黄色至淡褐色，身上有不规则的暗点，会随着年纪的增长不断消退。

渔夫的助手——水獭

　　水獭是捕鱼高手，嗜好捕鱼，即使在饱腹之后仍然以捕鱼为乐，本来对渔业是有很大危害的，然而聪明伶俐的水獭，经过短短半年的训练后，也会成为人类捕鱼的好帮手，渔民们亲切地称它们为"鱼猫子"。

　　水獭昼伏夜出，以鱼类、鼠类、蛙类、蟹等为食，擅长游泳和潜水，靠体内贮存的氧气可以在水下待5~15分钟。它们为渔民们效劳，靠着灵敏的视觉、听觉、嗅觉和出色的游泳技术，捕获迅速，身手矫健，深得渔民们的喜爱。

智多星训练营

　　水獭行踪诡秘，成群栖息在湖泊、河湾、沼泽等淡水区，它们常在深水区抓到鱼后把鱼拖到浅水滩吃。它们遇到危险便潜入水中，此时，它们的耳、鼻都会封闭起来，只剩下眼睛由一层透明的薄膜保护。它们的身材为流线型，皮毛光滑，具有防水性。

水獭属半水栖兽类，常在水岸石缝底下或水边灌木丛中挖洞居住。

水獭体毛长而细密，呈棕黑色或咖啡色，具丝绢光泽。

水獭头部宽而扁，吻短，眼略突出。

水獭四肢较短，趾间有蹼。

海洋智者——海狮

海狮群栖于海边，白天在近海活动，擅长潜水和游泳。在水族馆里海狮是最受欢迎的明星，它们聪明伶俐，经过训练后可以学会很多高难度的技艺，如顶球、钻圈、投篮、倒立走路等等，还能跳过 1.5 米高的绳索。

除此之外，海狮对人类最大的帮助就是可以协助人类打捞东西。当一些宝贵的东西沉入大海而潜水员又无能为力时，有着高超潜水技艺的海狮可以帮助人们来完成打捞任务，比如从太空返回地球而落入海洋的人造卫星等。海狮帮助人们找回了许多珍贵的物品，深得人们的喜爱，是我们人类的好朋友。

海狮的颈部生有长而粗的鬃状长毛，体毛为黄褐色。

智多星训练营

　　繁殖期，海狮大群聚集在沙滩上，吼叫声此起彼伏，但雌兽和幼仔可以通过声音辨别彼此。当它们相聚之后，除了用声音继续联系外，还要辅以嗅觉，互相嗅对方身上的气味，确认后，雌兽才开始喂奶。

海狮前肢较后肢长且宽，游泳和潜水时主要依靠前肢。

灭虫高手——柳莺

　　柳莺是消灭害虫的高手，主要活跃在柳树、槐树等乔木间，俗称树串儿，是我国最常见的、数量最多的小型食虫鸟类。柳莺体型比麻雀还要小，体长约7厘米，背羽以橄榄绿或褐色为主，很好辨认。

　　柳莺是夏候鸟，迁徙时遍布各地的山林、园圃以及城市公园的树木中。柳莺在消灭害虫方面对人类有很大贡献，是农民的好帮手。它们分布范围广，消灭的害虫种类有椿象、叶跳蝉、蝇类、蚊类等，在控制园林害虫方面发挥着重要作用。

柳莺的巢

　　柳莺有伪装鸟巢的本能，能衔取苔藓和树皮盖在球状巢的巢顶上，厚度可达6厘米，很难被人发现那是它的巢。

柳莺生性不畏人，鸣叫声细而尖锐，轻柔而脆，且多变，很容易被发现。

自然档案馆

纲：鸟纲

目：雀形目

科：莺科

海洋垂钓者——琵琶鱼

　　琵琶鱼身体扁平，从鱼体的背面俯视，很像一把琵琶，故称"琵琶鱼"。琵琶鱼是一种生活在海洋里的形状怪异的鱼类，体色从褐绿色到灰黑色，各不相同，体表还有杂色斑点。琵琶鱼利用头顶上的鳍刺作为诱饵，引诱猎物。

　　琵琶鱼雌鱼的吻上通常有一个钓竿状的结构，"钓竿"的末端有肉质状突起，外观看起来很像蠕虫，琵琶鱼借此诱捕那些贪食的小鱼。"钓竿"的末端通常还有发光器官，帮助琵琶鱼在黑暗的深海中捕食。

智多星训练营

　　琵琶鱼擅长伪装，敌害很难发现它的存在。它们有的色彩艳丽，有的全身呈橘黄色，布满红色条纹。很多琵琶鱼还能在几分钟之内变成与周围环境一致的体色，因此很难被发现。

自然档案馆

纲：硬骨鱼纲

目：鮟鱇目

科：鮟鱇科

琵琶鱼为世界性鱼类，大西洋、太平洋和印度洋都有分布，种类多样。

牧羊狒狒

　　狒狒是一种很聪明的动物，属于哺乳纲灵长目猴科，由于狒狒智商很高，聪明的人类便将其训练成"小牧童"，帮助牧民放牧。

　　牧民们先让狒狒们跟羊群共同生活一段时间，以了解羊群的习性，之后在牧羊的日子里，狒狒可以帮助牧民们找回遗失的羊，保护羊群不受小偷和狼的侵扰，甚至还可以将饥饿的小羊羔带回羊妈妈的身边吃奶。聪明能干的狒狒很容易与人类建立友好关系，人类对它好，它也会知恩图报，帮助人类做事。

狒狒毛粗糙，毛色为黄、黄褐、绿褐至褐色，一般尾部毛色较深。

狒狒体型粗壮，四肢等长，短而粗，适于在地面活动。

狒狒群居性强，群体中有首领和明显的分工，行动时由年轻的狒狒负责护卫。

智多星训练营

狒狒喜欢生活在半沙漠地带树林稀少的石山上，它们的智商很高，因此人类将狒狒训练成好帮手。狒狒在牧羊时很机警，如果看见了小偷，就会以迅雷不及掩耳之势冲上去，一边对小偷龇牙咧嘴地吼叫威胁，一边对着牧场主人大声怪叫以引起主人的注意。若是小偷落荒而逃，狒狒也不会追赶，而是将四散的羊群聚拢在一起，等着主人的到来。

雄性狒狒生性凶猛，敢于和狮子对峙。

森林卫士——松鼠

　　松鼠和老鼠有些"亲戚"关系，但它们并不像老鼠那样惹人讨厌，它们是非常可爱的"种树能手"。

　　松鼠生活在森林里，主要以树木的种子和果实为食，所以森林里松鼠数量的多少是以种子和果实的数量多少为基础的。它们非常勤劳，总是收集很多种子当作食物，并将其埋在土中储存起来，但它们的记性似乎不太好，总是忘记食物埋在什么地方，因此第二年春天一到，有一半的"食物"会生根发芽，因此松鼠可以说是森林的"养父养母"。

　　松鼠尾巴的毛特别长，睡觉的时候，它会把尾巴当作棉被盖在身上。

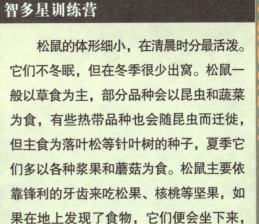

智多星训练营

松鼠的体形细小，在清晨时分最活泼。它们不冬眠，但在冬季很少出窝。松鼠一般以草食为主，部分品种会以昆虫和蔬菜为食，有些热带品种也会随昆虫而迁徙，但主食为落叶松等针叶树的种子，夏季它们多以各种浆果和蘑菇为食。松鼠主要依靠锋利的牙齿来吃松果、核桃等坚果，如果在地上发现了食物，它们便会坐下来，捧着食物慢慢吃，样子十分可爱。

松鼠喜欢在茂密的树枝上筑巢，或者利用其他鸟的巢，有时也在树洞中做巢。

小松鼠出生 8 天后，开始长毛，30 天以后睁开眼睛，45 天后可以食用坚硬的果实。

松鼠极为适应树上的生活，爪子上有尖钩，可以利用其倒挂在树干上。

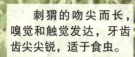

刺猬的吻尖而长，嗅觉和触觉发达，牙齿齿尖尖锐，适于食虫。

草原小刺球——刺猬

刺猬体长 20~25 厘米，全身长满了刺，实际上这些刺只是进化了的皮毛。当遇到敌人袭击时，它们的头朝腹面弯曲，身体蜷缩成一团，包住头和四肢，浑身竖起钢刺般的棘刺，宛如古战场上的"铁蒺藜"，使袭击者无从下手。刺猬挖洞为窝，白天隐匿在窝内，黄昏后才出来活动，它们嗅觉灵敏，以昆虫和蠕虫为食，也吃幼鸟、鸟蛋、蛙、蜥蜴等，偶尔也食农作物。入冬后，刺猬会冬眠，一般要睡上 5 个月的时间，才会重新出来活动。

智多星训练营

　　刺猬是异温动物，它们不能稳定地调节体温，使其体温保持在同一水平。一般情况下，大多数的刺猬都有冬眠的现象，它们有忍耐蛰伏期低温和代谢率降低的能力，以此度过寒冷、炎热或食物短缺的困难时期。

初生幼仔背上的棘刺稀疏柔软，但几天后就能逐渐转变为尖锐的利刺。

冬眠

　　枯枝和落叶堆是刺猬最喜欢的冬眠场所。冬眠期间，它们也会醒来，但不吃东西，很快又睡着了。

刺猬幼仔出生后，全身有 100 多根刺，前两周没有视力。母乳喂养 4~8 周后，母亲教授幼仔觅食方法。两个月后，雌刺猬停止照顾幼仔，让它们独立生活。

自然档案馆

纲：哺乳纲
目：食虫目
科：猬科

刺猬性格温顺，动作举止憨厚可爱，逐渐成为人们喜爱的家庭宠物。

第二章

动物的生存智慧

南极绅士——企鹅

世界上现存的企鹅约有 18 种，大都身穿"燕尾服"，大腹便便，走起路来摇摇摆摆的样子十分可爱。企鹅身上长着细小而富有油性的羽毛，排列紧密，像鳞片般重重叠叠、密密地覆盖着整个身体。企鹅皮下还有厚厚的脂肪，使它们能够抵御南极的严寒。

巴布亚企鹅，嘴角呈红色，眼睛上方有一明显的白斑。因其模样憨态可掬，有如绅士一般，因而俗称"绅士企鹅"。

南极的气候异常寒冷，时常会出现这样的画面：几千只企鹅紧靠在一起，头部朝向中央，围成一圈。处在中心的企鹅会一个接一个渐渐自觉地向外移动，以便让外面的企鹅进到中间来取暖。这其实是企鹅抵御严寒的一种方式，同时也可以让每一只企鹅都能感受到集体的温暖。

企鹅通常被当作是南极的象征，但企鹅最多的种类却分布在南温带。

智多星训练营

企鹅主要分布在南非至南美洲西部岩岛及南极洲沿岸，是非常优秀的游泳运动员。企鹅在快速游泳时，总要不时地跃出水面呼吸新鲜空气，然后再钻入水中，它们在水中游泳时，速度可超过 30 千米 /小时。

企鹅骨骼坚硬，短而平，加上有如船桨的短翼，使企鹅可以在水底"飞行"。

企鹅通常都很长寿，比如帝企鹅寿命可达 30~40 年。

麦哲伦企鹅的名字来源于著名的航海家麦哲伦，它是麦哲伦 1519 年在第一次环南美大陆航行时发现的。

王企鹅体长近 1 米，体重 15~16 千克，颈侧有一明显的橘黄色斑块。

海底变色龙——管口鱼

　　管口鱼身体呈长杆状，但并非圆柱形，而是有点侧扁。吻部也是细长管状，像一支长长的吸管，口在吻的前端，口形由前面向后斜裂。管口鱼上颌没有牙齿，下颌前端有细小的牙齿，下颌有一对短须。管口鱼的鱼鳞属于小栉鳞，主要栖息在珊瑚礁区，常常会以倒立的姿势隐藏于软珊瑚、藻类或是海鞭旁以躲避敌人。当敌人靠近时，管口鱼会迅速变成和周围环境一样的颜色，以免自己被发现，人们称之为"拟态"行为。此外，管口鱼也常躲在大鱼身边接受免费的保护。

分布

　　管口鱼广泛分布于印度泛太平洋海域，分布范围：西起非洲，东至夏威夷，北到日本，南至澳大利亚；另外它在东太平洋中部的各岛亦有分布，喜欢栖息于多岩石的珊瑚礁区。

管口鱼，身体柔软细长，最长可达 20 厘米，但粗细一般不超过 4 厘米。

管口鱼生性孤僻，少与同类共同生活。

管口鱼的头与马头相似，口腔位于头部最前端，张开时与身体直径一般大。

智多星训练营

管口鱼的食物主要是小鱼。但是，管口鱼灵敏性不高，而且身材小巧，又没有尖牙利齿，所以捕食小鱼也是挺难的。但长期的生活经验，使管口鱼想出了一个捕食的办法：骑鱼捕鱼。它会骑在篮子鱼身上与其共同找食吃。

伪装高手——枯叶蟾蜍

　　在大自然中，每种生物几乎都是另一种生物的美餐，弱小的种族往往要靠伪装才能存活下去。在巴拿马的热带森林中，生活着一个伪装高手，它就是枯叶蟾蜍。

　　当枯叶蟾蜍附在枯败的叶子上时，身体的颜色会变得和树叶的颜色一模一样，就连体形也与树叶的大小相似，敌人很难发现它们的存在。就是依靠这种本领，枯叶蟾蜍才能在弱肉强食的动物界生存下来。

　　与枯叶蟾蜍拥有同样本领的动物还有很多，包括体色会随环境变化的变色龙，外形酷似干枯树枝的竹节虫等。它们大多是动物中的弱者，几乎是所有动物的食物，为了生存才拥有如此高超的本领。

枯叶蟾蜍捕食时，通常以守株待兔的方式，等待着小猎物自动送上门来。

枯叶蟾蜍的头部和树叶尖相似，口鼻尖锐、眼睛有突起，皮肤有褶皱，增加了其外表的迷惑性。

智多星训练营

　　枯叶蟾蜍主要生活在热带地区的山沟中、小溪旁或灌木丛中。无论外形还是颜色都很像落在地面上的枯叶。为了生存，它们经常采用这样的伪装来迷惑捕食者。如此逼真的伪装不得不让人感叹大自然的神奇。

隐身高手——雨蛙

雨蛙背面皮肤光滑
呈绿色，腹面呈淡黄色。

雨蛙白天伏在树根附
近的石缝或洞穴内，夜间
则栖息在灌木上。

雨蛙指、趾末端都长有膨
大的吸盘，适于树栖生活。

雨蛙属于脊椎动物，两栖纲，雨蛙科，无尾目的 1 科，共 37 属 630 余种。其中，雨蛙属种类最多，约 250 种。雨蛙喜欢栖于树上，指、趾末端多膨大成吸盘，末两骨节间有一间介软骨。它们以昆虫为食，捕食蚁类、椿象、象鼻虫、金龟子等。雨蛙又被称为"中国雨蛙"，在我国南方多省都有分布。较雨蛙个体稍大的近亲种有华南雨蛙，多产于我国海南和广西、广东。

雨蛙是蛙类中较大的一科。雨蛙科的不少成员都有很好的保护色，能与环境混为一体，是很好的隐身高手。最奇特的要属美洲的红眼蛙，其静止不动时只显露绿色，不易被发现，行动时则显露出体侧鲜艳的颜色，以迷惑敌人。

雌雨蛙的背面皮肤会在繁殖季节形成"育儿所"，有的种类的雨蛙背面皮肤会折成囊袋状，和袋鼠的育儿袋类似。

雨蛙体侧及股前后具有黑斑。

自然档案馆

纲：两栖纲
目：无尾目
科：雨蛙科

雨蛙家族中的成员适应了不同的生活方式，除了典型的树栖蛙类外，无论是美洲还是大洋洲的穴居成员或是陆地生活成员，都没有完全水栖的种类。

顺水而生的柳珊瑚

柳珊瑚色彩绚丽，随水流而动，构成海底一道美丽的风景线。

柳珊瑚目的种类约 1 200 种，为树枝状群体，内部有石灰质或角质的中轴，外部散有骨片。柳珊瑚靠它们的羽状触须捕食，细小纷杂的触须会顺着海里水流的方向生长，这样就可以方便它们捕捉到海水流动时带来的小海洋动物和植物。柳珊瑚的羽状枝很高，看起来像松枝一样。珊瑚虫在夜晚活动，骨骼表面非常粗糙，具有一定的攻击性。柳珊瑚必须在适宜的水温、丰富的底质、清澈的水质以及充足的阳光等环境条件下才能良好地生长，因此，现生的柳珊瑚珊瑚礁主要分布在南北纬 30 之间热带和亚热带的浅水海域。

柳珊瑚多为群体生活，每个水螅体有 8 个触手，触手上有刺丝囊，捕食后送入口中。

智多星训练营

珊瑚纲的动物通称珊瑚虫，均海产，生活史中没有世代交替现象，只有水螅型。珊瑚多数为群体（如软珊瑚、柳珊瑚、海鳃和角珊瑚等），少数为单体（如海葵、单体石珊瑚等），呈六放、八放、多放或多放两辐对称，约有 6 500 种。

竹节虫的体色在低温、暗光的条件下会变深，相反，则体色会变浅。

竹节虫的**外衣**

　　竹节虫又称"干柴棒"，是动物界中著名的伪装大师。它们外形奇特，酷似干枯的树枝，静止不动时敌人很难发现它们。竹节虫的种类繁多，分布甚广，尤其在我国南方山区树林及竹林中比较常见。竹节虫行动迟缓，白天静伏在树枝上，晚上出来觅食。大部分竹节虫都没有翅膀，仅有少数种类具有色彩艳丽的翅膀。当它们飞起来时，翅膀闪烁着彩色的光芒，以此来迷惑敌人。竹节虫的逃生技能非常高超，它们除了有能够伪装的形体之外，还会改变自身的颜色来逃避敌人的追击。

竹节虫的体色多为深褐色，少数为绿色或暗绿色。

智多星训练营

在印尼的森林里，生活着一种巨型竹节虫，体长达 33 厘米，在昆虫王国中独占鳌头，世界上最长昆虫的桂冠非竹节虫莫属。其头部几乎与身体等宽，细长而分节明显的身体极似竹枝。当它在竹枝上休息时，不时抖动身体，看上去就好似竹枝受到微风的吹拂。

挑剔的美食家——黑斑牛羚

黑斑牛羚仅分布在赤道以南的肯尼亚、坦桑尼亚向南至南非及安哥拉、西南非洲和博茨瓦纳等地，栖息于潮湿的草地和开阔的林地。它们体长 194~209 厘米，肩高 130~140 厘米，体重 160~262 千克，通身呈黑色，它的亚种白须羚羊的胡须是白色的，产自坦桑尼亚、肯尼亚。黑斑牛羚是个挑剔的"美食家"，它们只吃嫩草。斑马虽然与它吃同样的一种草，但要等草长得稍老一些才吃；非洲大羚羊也吃这种草，只是吃已经长老的草。黑斑牛羚在雨季的时候分散在草原各地，旱季的时候则聚集成群，有时达上万只，不断迁徙寻找水草丰美的地方。

黑斑牛羚多由 5~15 只组成一个群体，由一只雄性率领生活在草原，常与其他植食性动物如斑马等一起吃草。

小动物大智慧

黑斑牛羚感官很好，夏天它们食草及山上较柔软的树枝树叶，冬天则以竹叶及柳树的枝、芽为食。

黑斑牛羚角的侧面向内弯曲，朝上再向内，长相像牛。

智多星训练营

　　牛羚毛色复杂，因地区和亚种不同及年龄大小不同而有毛色上的差异。一般说来分布于四川、甘肃的亚种全身以褐色为主，脸部、鼻、耳是黑色；分布在陕西秦岭一带的亚种则全身为浅棕黄色，脸部、鼻、耳为橘黄色。因为棕黄色的毛上略有光泽，所以又被称为金毛牛羚。

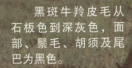

黑斑牛羚皮毛从石板色到深灰色，面部、鬃毛、胡须及尾巴为黑色。

迷你战士——斑马

斑马因身上有起保护作用的斑纹而得名。斑马为非洲特有：南部非洲产山斑马，山斑马除腹部外，全身密布较宽的黑条纹，雄体喉部有垂肉；非洲东部、中部和南部产普通斑马，有腿至蹄具条纹或腿部无条纹。

斑马生活在非洲大陆，外形与一般的马和驴没有什么两样，它们身上的条纹是为适应生存环境

而逐渐衍化出来的，放眼望去，很难与周围环境分辨开来。人类将斑马条纹应用到军事上是一个很成功的仿生学例子。在所有斑马中，细斑马长得最大最美。它是东非产的一种格氏斑马，肩高1.4~1.6米，耳长（约20厘米）而宽，全身条纹窄而密。

斑马主要以青草和嫩树枝为食。旱季时，成群斑马迁徙寻找青草和水源。

斑马生性谨慎，常集结成群一起活动，有时也跟其他动物群在一起，如牛羚和鸵鸟等。

斑马跑得很快，每小时可达64千米。它们需要经常喝水，很少到远离水源的地方去。

集团战士——非洲水牛

非洲水牛是非洲大陆上最成功的植食性动物。它们生活在沼泽、平原、草场和森林。水牛可居住在高海拔地区，喜欢栖息在被植物密集覆盖的地方，如芦苇和灌木丛。水牛也被发现在开放的林地和草地。面对入侵者时，非洲水牛总是集体作战，由一头成年雄性水牛带头，组成大方阵冲向入侵者，通常有数百头甚至上千头，时速高达 60 千米。在这样的阵势下，人会被踏成肉泥。即使是狮子，也会给它们让路。事实上，人类是它们的唯一天敌。

智多星训练营

除了人类以外，非洲水牛在自然界也有不少天敌。狮子会定期吃水牛，但通常需要多头狮子共同合作才能推翻一头成年水牛，只有成年雄性狮子才可以独自猎杀水牛。除了狮子外，尼罗河鳄鱼也会攻击年老和幼年的水牛。另外，豹和鬣狗对非洲水牛也有一定的威胁。

非洲水牛在旱季的时候只能靠树叶维持生存，雨季时积累下的脂肪也可以帮助它们渡过难关。

水是非洲水牛的生命保障，除了饮用之外，它们还需要沐浴降温。非洲水牛也会在泥浆中打滚，为自己涂上保护层。

非洲水牛属植食性动物，平均每天花 8~10 小时进食，之后会把食物反刍。

非洲水牛与亚洲水牛看起来外形十分相似，但二者之间的关系却并不近。

冷酷猎手——狼

　　狼是群居性极高的物种，一群狼的数量是 6~12 只，冬天寒冷的时候可达 50 只以上。狼群通常以家庭为单位，由一对优势配偶领导，而以兄弟姐妹为一群的则是以最强的一头狼为领导。狼群有领域性，通常群内个体数量若增加，狼的领域范围会缩小。狼的栖息范围很广，山地、林区、草原、荒漠，均有狼群的踪迹，它们具有极强的适应性。狼群大多在夜间活动，其性情凶残而机警，擅长奔跑，一旦锁定猎物就会穷追不舍。狼很聪明，常以气味、叫声等进行沟通。

智多星训练营

　　狼的奔跑速度极快，每小时可达 55 千米左右，狼的耐性也很好。它们有能力以 60 千米／小时的速度奔跑 20 千米。如果是长跑，狼的速度甚至会超过猎豹。狼是以肉食为主的杂食性动物，是生物链中极关键的一环。

狼的嗅觉非常灵敏，它能闻到很远距离以外的气味，能从风向中辨别血腥味的来源。

狼具有强大的背部和腿部，能有效地舒展奔跑，善于长途迁行捕猎。

兔子的异食癖

我们所了解的兔子主要以草类等植物为食。但令人惊奇的是，兔子竟然还吞食自己的粪便。它们常常把头伸到尾巴下面，吞食自己刚刚排出来的粪球。经过调查发现，兔类排出的粪便可以分为两种：一种是含有大量草木的硬粪球；另一种则是裹有一层薄膜的软粪球。20 世纪 60 年代，

智多星训练营

兔子的听觉、嗅觉极其敏锐，可是胆子却很小，一旦听到响动，便立刻躁动不安起来。在兔子身上还有一个鲜为人知的特性，那就是它们能够通过嗅觉辨别自己的亲生骨肉。如果遇到了不是亲生的小兔子，便狠心地将其咬死，这让我们看到了兔子温顺驯服背后残忍的一面。

有两位研究人员用显微镜对裹有薄膜的软粪球进行研究，发现里面有56%的菌粪，这些菌粪起到了很好的消化作用。除此之外，软粪球中含有1/4的纯蛋白质，菌类本身也具有极高的营养价值。因此，吞食粪球对兔子的消化来说具有积极的促进作用。

兔子的耳朵根据品种的不同有大有小，上唇中间分裂，是典型的三瓣嘴，样子非常可爱。

兔子喜欢吃白菜、生菜叶、胡萝卜等，因为这类食物所含汁液丰富，适口性好。

野兔一般单独活动，依靠快速奔跑来逃避危险，奔跑速度能够达到每小时50千米。

百变的**变色龙**

　　变色龙之所以被称为变色龙，是因为它善于随环境的变化，随时改变自己身体的颜色。变色既有利于隐藏自己，又有利于捕捉猎物。变色这种生理变化，是在植物性神经系统的调控下，通过皮肤里的色素细胞的扩展或收缩来完成的。变色龙变换体色不仅仅是为了伪装，体色变换的另一个重要作用是能够实现变色龙之间的信息传递，便于和同伴沟通，如同人类语言一样，进而表达出变色龙的意图。

变色龙的舌头长且灵敏，伸出来后超过它的体长，舌尖上有腺体，能分泌大量黏液粘住昆虫。

智多星训练营

变色龙产于东半球，主要以树栖方式生存。变色龙特征为体色能变化，主要分布在马达加斯加、非洲北部和土耳其亚洲部分等地。

变色龙的眼睛非常奇特，眼帘很厚，呈环形，眼球突出，左右180，上下左右转动自如，左右眼可以各自单独活动。

变色龙的尾巴很长，能够缠卷住树枝。四肢较长，指和趾合并分为相对的两组，适合于抓握。

断尾的壁虎

当壁虎遇到敌人攻击时，它的肌肉剧烈收缩，使尾巴断落，壁虎借此为自己赢得宝贵的逃生时间。同时壁虎身体里有一种激素，这种激素能再生尾巴。当壁虎尾巴断了的时候，激素就会分泌出这种激素使尾巴长出来，当尾巴长好了之后，激素就会停止分泌。壁虎的断尾，是一种"自卫"，当它受到外力牵引或者遇到敌害时，尾部肌肉就强烈地收缩，能使尾部断落。掉下来的一段，由于里面还有神经，一段时间里尚能跳动，这种现象，在动物学上叫作"自切"。

壁虎的足趾长而平，趾上肉垫覆有小盘，盘上被有微小的毛状突起，末端叉状，适合于攀爬。

壁虎眼上有透明的保护膜，瞳孔纵置，收缩时形成4个小孔。

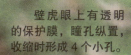

智多星训练营

壁虎身体扁平，四肢短，趾上有无数细小的刚毛，能在壁上爬行。它们吃蚊、蝇、蛾等小昆虫，对人类有益。壁虎也叫蝎虎，壁虎的其他生理特征与蜥蜴类似，但是有一点不同，壁虎两耳之间什么也没有。我们可以从壁虎的一只耳眼看进去，直接通过另一只耳眼看到外面。

壁虎皮肤柔软，背腹扁平，身上排列着粒鳞或杂有疣鳞。

午夜卫士——猫头鹰

　　黑夜中，猫头鹰独立、笔挺地站在树上，目光炯炯地盯住一个地方，神态就好像一个负责守卫的战士一样，所以又也被称为"午夜卫士"。

　　猫头鹰大多喜欢栖息在树上，只有少数种类栖息在岩石间或草地上。猫头鹰是昼伏夜出的动物，它们白天隐藏在树丛、岩穴或屋檐中，晚上飞出住所觅食。

　　猫头鹰的视觉敏锐。在漆黑的夜晚，能见度比人高出一百倍。猫头鹰在扑击猎物时，它的听觉仍起定位作用。它能根据猎物移动时产生的响动，不断调整扑击方向，最后出爪，一举奏效。

　　猫头鹰是色盲，也是唯一能分辨蓝色的鸟类。

猫头鹰脖子转动灵活，头的活动范围达270°。

猫头鹰的食物以鼠类为主，它常常将老鼠整个吞食下去，并将食物中不能消化的部分集结成块状，形成小团吐出。

猫头鹰头部宽大，嘴短而粗壮，前端呈钩状。头部正面的羽毛排列成面盘，从外表看，猫头鹰的头部与猫极其相似。

智多星训练营

猫头鹰的羽毛非常柔软，翅膀上有天鹅绒般密生的羽绒，因而猫头鹰飞行时产生的声波频率小于1千赫，而一般哺乳动物的耳朵是感觉不到那么低的频率的。这样无声的出击使猫头鹰的进攻更有"闪电战"的效果。

多眼怪——孔雀

　　孔雀开屏是一种求偶的表现，每年四五月繁殖季节到来时，雄孔雀常将尾羽高高竖起，宽宽地展开，绚丽夺目。雌孔雀则根据雄孔雀羽屏的艳丽程度来选择配偶。孔雀开屏时非常艳丽，就像一把扇子。雌孔雀无尾屏，羽毛颜色也较暗。雄孔雀的大尾屏上缀有五色金翠线纹，其中散布着很多近似于圆形的眼状斑。一旦发现有入侵者而又来不及逃避时，孔雀便突然开屏，然后将尾羽抖动得沙沙作响，眼斑也随之抖动起来，敌人畏惧于这种多眼怪兽，就不敢贸然向前了。

白孔雀是印度孔雀（亦称蓝孔雀）的变异，全身洁白无瑕，羽毛没有杂色。

蓝孔雀，又名印度孔雀，雄鸟羽毛为宝蓝色，有金属光泽。

孔雀头部较小，头顶竖立一些羽毛。

雄孔雀尾羽上的眼斑由紫、蓝、褐、黄、红等颜色组成，十分醒目。

孔雀大部分时间会结群生活。只在繁殖季节，雄孔雀才会确定自己的领地。

水中主宰——河马

　　河马的身体非常庞大，是陆生生物中体形最大的动物之一。河马的头宽而大，头骨重达几百千克。更为引人注目的是，它们有一个巨大的嘴巴，陆地上任何动物的嘴都没有河马的嘴大，河马堪称动物界中的"大嘴冠军"。河马的上门牙很短，向下弯曲；一对下门牙向前伸出，像一把铲子；还有一对向外伸出的下犬齿。河马既是食草动物，又是食肉动物。无论河马吃草时门牙磨损了多少，第二天都会重新长出来。母河马为保护小河马极具领域攻击性，每年非洲有数十人因接近水边遭到河马攻击而丧命。

河马的身上没有汗腺，但有一种红色分泌腺体，可以分泌出叫作"河马汗"的液体。

河马虽然是植食性动物，且外表看起来敦厚老实，但实际上它们性情暴躁，一旦有入侵者闯入它们的领地，它们就会发动猛烈的攻击。

河马的鼻孔在吻端，与上面的眼睛、耳朵呈一条直线。当它的身体全部没入水中的时候，只需要将头顶露出水面就可以了。

和鲨鱼形影不离的 向导鱼

　　向导鱼能帮助鲨鱼寻找猎物，因为鲨鱼视力不佳，所以向导鱼就负责引导鲨鱼向鱼群集结的海面进发，让鲨鱼能捕猎那些鱼，而吃剩的残渣又成了向导鱼的美食。甚至有的向导鱼还进入鲨鱼的口中，吃它们牙缝里的碎屑，鲨鱼乐意让它们进出口中，因为这使鲨鱼感到舒服。但现在有人证实鲨鱼的其他感觉器官很完善。所以，目前认为，向导鱼的主要职责是给鲨鱼的皮肤打扫卫生，这种相互依赖的关系，被称为"共栖"。

"魔王"的随从

鲨鱼巨大的嘴里长着数百颗锥形牙齿，排成五六排，像是一把锋利的钢锉。鲨鱼捕获食物时，数排牙齿一齐使用，将猎物一块块撕烂，吞下肚去。因此，鲨鱼的出现常常会引起周围鱼类的恐慌。而向导鱼却常常在鲨鱼鳍边游来游去，悠闲自在。它不仅能从鲨鱼那里得到免费的食物，还能依靠鲨鱼来保护自己，免受其他鱼类的攻击。

向导鱼体形细小，灵活敏捷，背部为青色，腹部多为白色，身体两侧有黑色的宽带条纹。

智多星训练营

向导鱼还同大鳐鱼、鲸交上了朋友。大鳐鱼重达 1 吨，鳍展开的时候，宽达 7 米，向导鱼也常常钻进鳐鱼口中，帮助鳐鱼清除口腔中的寄生虫；有时，向导鱼受到攻击，鳐鱼很快就张开大嘴巴，让向导鱼逃入"避难所"。

切叶蚁的**粮食**

　　切叶蚁用昆虫的尸体或植物残渣之类的有机物质培育真菌，然后用培植出的真菌喂养幼虫（成虫主要是吸食被它们切碎叶片的汁液）。切叶蚁把真菌悬挂在洞穴的顶上，并用毛虫的粪便来"施肥"。真菌园的管理十分认真，特别是那些专门担任警卫工作的兵蚁，简直不敢离开一寸，生怕外来蚁入室偷窃。一旦发现不速之客，它们个个勇猛异常，与入侵者展开殊死搏斗，保卫自己的家园。这个由蚂蚁、细菌和真菌组成的庄园，是一个极为

切叶蚁利用刀子般锋利的牙齿，通过尾部的快速振动使牙齿产生电锯般的震动，把叶子切下新月形的一片。

复杂的体系，也是自然界中协同作用的一个典范。切叶蚁并不直接吃树叶，而是将叶子从树上切成小片带到蚁穴里发酵，然后取食在其上长出来的蘑菇，所以它又叫蘑菇蚁，是唯一切割新鲜植物，并用它们进行种植食物的动物。

智多星训练营

实际上切叶蚁只分布在中美洲和北美洲干燥的热带和亚热带地区。它们虽然体形小，但却是当地的优势物种。这其中大部分原因是它们形成了非常庞大的叶片采集和运输队伍，它们甚至能将250米以外的叶片运到巢穴。

切叶蚁体力惊人，它们背着叶子每分钟能行走 18 米，相当于一个人背着 220 公斤的重物，以每分钟 12 千米的速度飞奔。

吃纸的山羊

多数学者认为现代家山羊的祖先是中亚细亚一带的角羊，现在这种角羊尚见于小亚细亚、伊朗、阿富汗和巴基斯坦等地山区。也有人认为，栖息于克什米尔、阿富汗和巴基斯坦山区的螺角羊和欧洲的野山羊也是家山羊的祖先。山羊被驯化的年代约在8 000年以前，山羊是人类最早驯养的动物之一。我们所了解的山羊都是食草的，但你见过吃纸的山羊吗？山羊为什么会吃纸呢？山羊喜欢吃纸，正是因为山羊是草食动物，纸是用草的茎和树木制造的，属于植物质的东西，所以山羊爱吃纸。但山羊从不吃涂有防水材料等化学物质的纸袋。

放牧饲养山羊可以节省草料、设备等的花费，可以节约成本，但受季节和气候影响大，有时会得不偿失。

山羊和绵羊的亲属关系较近，但是山羊的尾巴较短，角长而直，绵羊的角呈螺旋状卷曲。相比之下山羊更为活泼，好奇心更强一些。

智多星训练营

　　中国山羊饲养历史悠久，早在夏商时代就有关于养羊的文字记载。一千多年前，我国始饲养山羊，后逐步形成规模。山羊具有繁殖率高、适应性强、易管理等特点，至今在中国广大农牧区仍被广泛饲养。

第三章

小动物的大本领

实力唱将——蝉

　　从春天到秋天，在树下或是在草地里，我们会经常听到蝉鸣。人们称蝉为"昆虫音乐家""大自然的歌手"。因为蝉会不知疲倦地用轻快而舒畅的调子，不用任何中西乐器伴奏，为人们高唱一曲又一曲轻快的蝉歌，为大自然增添无限的乐趣。

　　那蝉的叫声是怎么来的呢？原来蝉的肚皮上有两个小圆片，叫音盖，音盖内侧有一层透明的薄膜，这层膜叫瓣膜，蝉就是通过瓣膜发声的。人们用扩音器来提高自己的声音，音盖就相当于蝉的扩音器一样不断提高和降

雄蝉就是通过瓣膜发声的。

低声音，从而使蝉发出"知——了，知——了"的叫声。会叫的是雄蝉，而雌蝉没有音盖和瓣膜，所以不会叫。

智多星训练营

蝉又名知了。幼虫期叫蝉猴、爬拉猴、知了猴、结了猴、结了龟或蝉龟，为同翅目蝉科中型到大型昆虫，约1500种。体长2~5厘米，有两对膜翅，复眼突出，单眼3个。

夏天的时候，雄蝉受每日天气变化的影响和其他雄蝉鸣声的调节的影响，会发出集合声，声音此起彼伏，好不热闹。

蝉蛹在蜕皮的时候，身体必须要垂直对着树身，否则翅膀就有变畸形的危险。

蝉是一种吸食植物汁液的昆虫，它利用像针一样中空的嘴刺入树体，吸食树液。

跳羚一跃可达
3~3.5米,因而得名。

跳羚在干旱季节为寻找新的草
场而结大群进行长距离迁移,以草
类和灌木嫩枝为食,如有足够的青
草,它们就不饮水。

跳高冠军——跳羚

跳羚体长 1.2～1.5 米,肩高 68～90 厘米,体重 32～36 千克;四肢细长;背面毛为黄褐色,臀部及其背面、腹部、四肢内侧均为白色,在身体两侧背腹之间有一红褐色条带;背部中央有一条纵向的由皮肤下凹而形成的褶皱,褶皱内的毛为白色。跳羚是羚羊类中最善于跳跃的种类,跳羚跳起时脊背弓起,四肢下伸而靠拢,一跃可高达 3 米多。跳羚的背部有一条纵向的白色褶皱,当受惊而开始逃跑时,褶皱展开,这是向同伴报警的信号。

雌雄跳羚均有角，角为黑色，上具环棱，但雄性跳羚的角更长且向内弯曲。

跳羚的面和口鼻部为白色，有一条红棕色的条纹从眼部到嘴角。

自然档案馆

纲：哺乳纲

目：偶蹄目

科：牛科

跳羚主要生活在南非、非洲西南部等地的无树草原上。由于人类长期大量的猎捕，跳羚的数量现在已经很少了。

美洲疾风——叉角羚

　　叉角羚是美洲大陆奔跑最快的兽类，速度可达 80 千米 / 小时，一次跳跃可达 3.5～6 米，出生 4 天的羊羔就能比人跑得快。其最高速度可达 95 千米 / 小时。叉角羚有着惊人的耐力，能以 72 千米的时速持续奔跑达 11 千米之远，远远超过现存任何北美食肉动物的奔跑速度。其他同等体形的食草动物的奔跑速度只及叉角羚的一半。叉角羚惊人的奔跑能力跟已经灭绝的史前分布在北美洲的同样善于奔跑的北美猎豹有关。在北美猎豹捕食的压力下，叉角羚进化出了杰出的奔跑能力。

叉角羚主要以草、灌木、芦苇为食，能用前蹄挖掘出被雪所掩埋的食物。

叉角羚夏季会组成小群活动，冬季则集结成上百只的大群。为寻找食物和水源，它们在一年中会多次迁徙。

叉角羚因角的中部有一向前伸的分支而得名。雌雄叉角羚均具有永久性的角。

高鼻羚羊善于奔跑，最高时速可达 60 千米，即使刚出生的幼仔，奔跑时速也可达 30~35 千米。

长跑健将——高鼻羚羊

　　高鼻羚羊别名赛加羚羊。它们体形中等，体长 1~1.4 米，背部黄褐色，臀部、尾、腹部白色，夏季毛短而平滑；冬季毛色淡、浓密且长；四肢较细；鼻骨高度发育并卷曲，因鼻部特别大而膨起，向下弯，鼻孔长在最尖端，因而得名"高鼻羚羊"。高鼻羚羊雄性的颊部、喉部和胸前都长着长毛，好似胡须一般。高鼻羚羊跑得很快且有耐力，被牧民称为"长跑健将"。它们喜欢结成小群生活，有时也有成百上千只的大群迁移的现象发生，它们冬季多在白天活动，夏季主要在晨昏活动，这种羚羊食物以草和灌木丛为主，有季节性迁移现象。冬季向南移到向阳的温暖山坡地带。

高鼻羚羊的嗅觉、视觉都非常灵敏，可嗅知天气的变化，可以看见 1 千米以外的敌害。

天才建筑家——旱獭

　　旱獭，又名土拨鼠，它们体形粗壮，体长37~63厘米，颈部粗短，耳壳短小，四肢短粗，尾短而扁平，体背为棕黄色。旱獭广泛栖息于高原草甸草原，山麓平原和山地阳坡下缘为其高密度聚集区。旱獭过着家族生活，个体接触密切，它们善于挖掘地洞，通常洞穴都会有两个以上的入口，以确保洞内成员安全。多数旱獭都在白天活动，喜群居，善掘土，所挖地道深达数米，内有铺草的居室，非常舒适。洞穴由主洞(越冬)、副洞(夏用)、避敌洞构成，主洞构造复杂，深而多口。

　　旱獭在气温长时间低于10℃以下时，就自然冬眠，冬眠期一般为3~6个月，气温转暖后自然苏醒。

旱獭的皮毛短而粗，毛色因季节和年龄而变化，多为棕、黄、灰色。

自然档案馆

纲：哺乳纲
目：啮齿目
科：松鼠科

旱獭以禾本科、莎草科及豆科植物的根、茎、叶为食，有时也捕食小动物。

高山草原的猎手——雪豹

雪豹又名艾叶豹。头小而圆，尾粗长，略短或等于体长，尾毛长而柔。雪豹感官敏锐，性情机警，行动敏捷，善攀爬、跳跃。作为分布在高海拔地区的肉食动物，雪豹常常在雪线附近活动，它们的名字也由此而来。雪豹擅长伏击，另外，短距离内的快速追击也是它们的拿手好戏，因此猎物很难逃出它们的掌心。

雪豹勇猛异常，善于在山岩上跳跃。它们把身体蜷缩起来隐藏在岩石之间，当猎物路过时，它们突然跃起袭击。雪豹以猫科动物特有的伏击式猎杀为主，辅以短距离快速追杀。雪豹大多捕食山羊、岩羊、斑羚、鹿，兼食黄鼠、野兔等小型动物或以旱獭充饥。有时也袭击牦牛群，捕食掉队的牛犊。

智多星训练营

雪豹一般栖居在空旷多岩石的地方。在祁连山 4 100~4 500 米的山顶脊部，在珠穆朗玛峰北坡 5 400 米高的雪地上人们曾见过雪豹的足迹，雪豹经常在冰雪高山裸岩及寒漠带的环境中活动。

雪豹的幼仔绒毛散乱，身上黑斑不很明显。

雪豹的舌面长有许多端部为角质化的倒刺，舌尖和舌缘的刺形成许多肉状小突。

雪豹全身呈灰白色，遍体布满褐色斑点和黑环。

风之使者——猎豹

　　猎豹，又被称为印度豹，是猫科动物的一种，也是猎豹属下唯一的物种，现在主要分布在非洲与西亚。猎豹是地球上跑得最快的陆地生物，全速奔驰的猎豹，时速可以超过 110 千米，相当于百米世界冠军速度的三倍。猎豹不仅是陆地上速度最快的动物，也是猫科动物成员中历史最久、最独特的品种。猎豹不仅奔跑速度快，而且加速度也非常惊人。据测，一只成年猎豹能在两秒之内达到时速 100 千米。不过，猎豹耐力不佳，无法长时间追逐猎物，如果猎豹不能在短距离内捕捉到猎物，它就会放弃，等待下一次出击。

猎豹身体修长，头部较小，这样的身体结构非常适于高速奔跑。

猎豹母亲会为幼仔捕食，并教会它们捕食的本领。

自然档案馆

纲：哺乳纲

目：食肉目

科：猫科

精通伏击术的 灵猫

　　灵猫，身体瘦长，多在树上生活，也有比较原始的地栖类群。灵猫的听觉和嗅觉都很灵敏，善于游泳，但主要在地面上活动。灵猫主要以昆虫、鱼、鸟，以及鼠类等小型哺乳动物为食，也吃植物的根、茎、果实等。灵猫捕猎时多采用伏击的方式，它们有时将身体没入两足之间，像蛇一样爬过草丛，悄悄地接近猎物，然后突然冲出捕食。

灵猫颈部有 3 条黑白相间的颈纹。

灵猫全身棕黄，体躯上常有斑块和条纹，不少种类具有尾环。

灵猫四肢短小，前后肢各 5 趾，爪为半伸缩性。

智多星训练营

灵猫类动物生活在热带、亚热带森林边缘，以岩洞和树洞为巢。夜行性，白天多卧伏在灌丛中休息，清晨和黄昏常到溪旁、村边或耕地附近觅食。大灵猫每年春天交配，怀孕期为 70 天。小灵猫在春季和秋季交配，夏末冬初产崽。

灵猫主要分布在东南亚地区。

大多数灵猫科动物都有发达的芳香腺囊，可分泌灵猫香。

灵猫的颜面狭长而吻鼻向前突出，眼睛下方有明显的白色斑块。

活雷达——金猫

金猫也叫原猫、红春豹，过去曾被归入猫属，现在的分类学一般把它归入金猫属。金猫是一种中等体形的猫科动物，体长 80~100 厘米，尾长 40~56 厘米，体重在 12~16 千克之间。金猫属于热带亚热带动物，但仍具有相当的耐寒性，毛皮较厚，而且有底绒。金猫一般生活在山区，在云南等地甚至能栖于海拔 3 000 米以上的高山地带。金猫喜欢单独活动，夜行性，白天几乎完全伏着不动。金猫善于爬树，听觉灵敏，是猫类中外耳活动最为灵活的一种，可以听到来自四面八方的微小声音，仿佛是"活雷达"。

智多星训练营

金猫的体毛多为棕红或金褐色，也有一些变种金猫的体毛为灰色甚至黑色。通常斑点只在下腹部和腿部出现，某些变种金猫在身体其他部分会有浅浅的斑点。金猫颜色变异较大，正常色型是橙黄色，变异色型有红棕色、褐色和黑色。

金猫的性情凶狠、勇猛，故有"黄虎"之称。

金猫栖息于山岩之间的森林中，主要在较密的山地丛林，或者多岩石的地带活动。

金猫仅以肉类为食，主要捕食鼠、兔、鸟和小鹿，偶尔也会袭击家畜。

野猪的嗅觉十分灵敏，它们可以用鼻子辨别食物的成熟程度，也可以搜寻出埋在积雪或是树叶下的食物。

智多星训练营

野猪的繁殖率和幼患的成活率都很高，雌兽真可谓是"英雄母亲"。野猪幼患出生后，身上有土黄色的条纹，可以更好地伪装自己，随着时间的推移，条纹会慢慢褪去。

野猪身上的鬃毛既是保暖的"外衣"，又是向同伴发出警报的警告器。一旦遇到危险，野猪会突然发出"哼"的一声，同时鬃毛都会倒竖起来。

赛跑能手——野猪

野猪跟家猪相极为不同，成长速度也比家猪慢得多，体重也较轻。但野猪的体力很好，擅长奔跑，尤其在被猎狗追赶时可以持续奔跑 15~20 千米的距离。

野猪生活在亚洲、非洲、欧洲的山林中，一般在早上和黄昏时出来觅食，白天基本不活动。野猪的体形健壮，四肢短粗，头较长，耳朵小且直立，吻部突出，且顶端为裸露软骨垫，尾巴细短，仅中间两趾着地，蹄硬；野猪犬齿发达，雄性上齿外露并向上翻转，呈獠牙状。野猪的耳朵被有刚硬而稀疏的针毛，背脊鬃毛长而硬，整体呈棕褐色或灰黑色。

野猪的食物很杂，只要能吃的东西都吃。

百兽智者——狐狸

　　提起狐狸，大家就会想到它们的狡猾、奸诈，然而事实并非如此，狐狸只有在自己生命受到威胁时才表现出生存的智慧。狐狸极具经济价值，因此不断遭到猎杀。为了生存，它们只能不断地让自己适应新环境。狐狸妈妈为了锻炼幼崽，不惜让小狐狸独自长大，所以狐狸一代比一代聪明，智商超过了其他动物。

　　狐狸多居于树洞或土穴中，它们的巢穴通常是强行从兔子等弱小动物那里抢来的，洞口很多，里面迂回曲折，方便藏身和逃跑。狐狸奔跑速度快，小巧灵活，一只猎犬根本抓不到它。在冬季结薄冰的河面，它们还能设计引诱猎犬落水。

　　狐狸主食昆虫、野兔和老鼠等动物，而这些小动物几乎都是危害庄稼的坏家伙，狐狸吃了它们，等于是帮了农民伯伯的大忙。

智多星训练营

狐狸是生存的智者，它们如果看到猎人在做陷阱，会悄悄跟在猎人身后，待猎人做好陷阱离开后，就到陷阱旁留下记号为同伴作警示。它们会把蜷缩成一团的刺猬拖到水里，也会用水草作为掩护下水捕食鸭子。这是大自然赋予它们的绝技。

狐狸的毛长而厚，色泽光润，针毛带有较多色节或不同的颜色。

狐狸多独自活动，只在繁殖期结成小群生活。

狐狸居住于树洞或土穴中，傍晚出外觅食，到天亮才回家。

狐狸的警惕性很高，如果洞穴被发现，它会在当天晚上"搬家"。

海洋歌唱家——座头鲸

座头鲸的胸鳍很长，
约为体长的三分之一。

　　你知道鲸鱼也会唱歌吗？座头鲸就是会唱歌的鲸鱼。在海洋中，它们常常会发出各种繁杂的声音，就像"唱歌"一样。它们的"歌声"十分悦耳，因此得到海洋生物学家、音乐家和摄影师的钟爱。

　　座头鲸在鲸类中体形最大，主要以小甲壳类动物和群游性小型鱼类为食。它们性情十分温顺，常以互相触摸的方式来表达感情，但在与敌人搏斗时它们会用特长的鳍状肢或者尾巴猛击对方，甚至用头部去相互撞击。

　　有的科学家认为，座头鲸的"歌声"是它们的"语言"，就好像是它们在互相交流一样，但是至今人类还不清楚这些"歌声"所传达的意思。

座头鲸的口很大，进食时上下颌间特殊韧带结构可使口张开 90。

座头鲸会突然破水而出，缓慢地垂直上升，直至鳍状肢到达水面时，身体便开始向后徐徐地弯曲，好像杂技演员的后滚翻动作。

座头鲸的尾巴强劲有力，在与敌人格斗时，可以用尾巴猛击对方。

智多星训练营

座头鲸的外貌奇异，行踪神秘，而且智力出众，听觉很敏锐。科学家们认为，它们的歌声是由若干个旋律组成的，似乎有点儿像我们人类的"语法规则"。一般，"唱歌"的座头鲸都是雄性的，所以它们的"歌声"很可能是为了求偶。

美丽的杀手——箭毒蛙

　　箭毒蛙是全球最美丽的青蛙，同时也是毒性最强的物种之一，其中毒性最强的箭毒蛙体内的毒素可以杀死两万多只老鼠。与箭毒蛙同属物种中最致命的毒素来自南美哥伦比亚产的科可蛙，只需0.0003克毒液就足以毒死一个人。箭毒蛙的体形很小，最小的仅1.5厘米，个别种类也可达6厘米。箭毒蛙主要分布于巴西、圭亚那、智利等地的热带雨林中，通身艳丽多彩，四肢布满鳞纹，其中以柠檬黄最为耀眼和突出。举目四望，它似乎在炫耀自己的美丽，又像警告来犯的敌人。除了人类外，箭毒蛙几乎再没有其他敌人了。

并非所有箭毒蛙科的成员都有毒，即使同为有毒的成员，它们之间毒性也各不相同。

箭毒蛙的表皮颜色鲜亮，多半带有红色、黄色或黑色的斑纹，这是一种警戒色。

箭毒蛙有特殊的育幼行为。当卵发育成蝌蚪后，雌蛙便将蝌蚪分别背到不同的地方。因为蝌蚪是食肉性的，两只蝌蚪在一起会自相残杀。

箭毒蛙多在凤梨科植物轮生的叶片上构造出一个小"池塘"，作为蛙卵发育的场所。

智多星训练营

很早以前，印第安人就用箭毒蛙的毒汁去涂抹他们的箭头和标枪。他们用锋利的针把箭毒蛙刺死，然后放在火上烘，当箭毒蛙被烘热时，毒汁就从腺体中渗出来。这时他们用箭头在箭毒蛙体上来回摩擦，毒箭就制成了。用这样的毒箭去射野兽，可以使猎物立即死亡。

"说"人语的鹦鹉

鹦鹉指鹦形目众多艳丽、爱叫的鸟。鹦形目有鹦鹉科与凤头鹦鹉科两科，种类非常繁多，有 82 属 358 种，是鸟类中最大的科之一。这些属于鹦形目的飞禽，分布在温带、亚热带、热带的广大地域。它们以其美丽无比的羽毛，善学人语技能的特点为人们所欣赏和钟爱。人们对鹦鹉最为钟爱的技能当属效仿人言。事实上，它们的"口技"在鸟类中的确是十分超群的。这种"口技"是一种条件反射、机械模仿，在科学上称为效鸣。

智多星训练营

鹦鹉是典型的攀禽，长有对趾型足，两趾向前、两趾向后，适合抓握，鹦鹉的喙强劲有力，可以食用坚果。鹦鹉中体形最大的当属紫蓝金刚鹦鹉，身长可达 100 厘米，分布在南美的玻利维亚和巴西。最小的是生活在马来半岛、苏门答腊、婆罗洲一带的蓝冠短尾鹦鹉，身长仅有 12 厘米。

大多数种类的鹦鹉主要取食树上或是地面上的植物果实、种子、浆果、嫩枝嫩芽等，也食少量昆虫。吸蜜鹦鹉则主食花粉、花蜜及柔软多汁的果实。

鹦鹉携带筑巢材料时，并不是用它弯而有力的喙，而是将巢材塞进自己很短的尾羽中。

智多星训练营

蜜蜂群体中有蜂王、工蜂和雄蜂三种类型的蜜蜂。通常群体中有一只蜂王（有些例外情形有两只蜂王），1万~15万只工蜂，500~1500只雄蜂。蜜蜂源自亚洲与欧洲，由英国人与西班牙人带到美洲。

蜜蜂的多样语言

蜜蜂是一种会飞行的群居昆虫，能够掌握两种语言。一种是气味语言，每个蜂群都有独特的气味，它更像是一种家族内部的语言。蜂王的上颚腺会分泌一种集结信息素，同窝的工蜂在舔蜂王身体时，会触碰到这种激素，然后它们之间相互涂抹，使整个蜂群拥有相同的味道，在寻找蜜源时，蜜蜂靠气味传递信息。蜜蜂的另一种语言则是舞蹈语言，外出寻找蜜源的侦察蜂通过舞蹈来传递信息，它们可以把远处蜜源的确切位置告诉工蜂，如蜜源的距离、蜜源的方向等。

蜜蜂为取得食物，昼夜不停地工作，白天采蜜、晚上酿蜜，同时也替植物完成授粉任务。

蜜蜂一生要经过卵、幼虫、蛹和成虫四个完全变态时期。幼虫成熟化蛹，羽化时破茧而出。

105

歌声美妙的**百灵鸟**

　　百灵鸟是草原的代表性鸟类，属于小型鸣禽。在广袤无垠的大草原上，蓝天白云之下，常常此起彼伏地演奏着连音乐家都难以谱成的美妙乐曲，那就是百灵鸟儿们高唱的情歌。百灵鸟从平地飞起时，往往边飞边鸣，由于飞得很高，人们总是只闻其声，不见其踪。

　　百灵鸟经过几百万年的进化，获得了适于开阔草原生存的各种特征。它们一般在三月末开始寻找配偶，并不停地在地面上鸣叫，选择适合的鸟巢。雌雄鸟双双飞舞，常常凌空直上，直插云霄，在几十米以上的天空悬飞停留，并在歌声结束时骤然垂直下落。

百灵鸟羽毛上的保护色使得它不易被天敌发现，受到惊扰时它们常隐匿不动。

自然档案馆

纲：鸟纲

目：雀形目

科：百灵科

百灵多营巢于土坎、草丛根部的地面上，鸟巢用杂草构成，置于地面稍凹处或草丛间，上面有垂草掩饰。

百灵鸟食性较杂，食物随季节的变化而有所不同，主要以草籽、嫩芽为食，也捕食少量昆虫，但从不危害农作物。

声音嘹亮的**鹩哥**

　　鹩哥又叫秦吉了，是雀形目椋鸟科许多亚洲种鸟类的统称，外形似乌鸦。鹩哥是一种大型、鸣叫型笼养观赏鸟，其歌声婉转嘹亮、富有旋律。此鸟善鸣，能发出多种有旋律的音调，从低沉粗涩的咯咯声到高亢怡悦的尖锐声，并善于模仿其他鸟类的鸣叫声。鹩哥经过人类的训练还能模仿人唱简单的歌曲。南亚鹩哥是有名的能学说话的鸟，体长约 25 厘米，全身羽毛呈黑色有光泽，翅有白斑，黄肉垂，嘴和脚为淡橙色。野生的鹩哥咯咯地鸣叫或尖声鸣叫，笼养的鹩哥能模仿人说话，比它的主要"对手"灰鹦鹉学得还像。

鹩哥孵卵以雌鸟为主，雄鸟负责警戒，孵化期为 15~18 天。

智多星训练营

　　鹩哥栖息于多林的平原或山地，常见于林缘及林间小面积的开阔地上，喜欢吃野果。果树上的果实成熟期间，尤其是无花果或类似多果肉的果实成熟季节，鹩哥与其他爱吃果实的鸟类一起外出觅食，也兼吃昆虫，如蚱蜢、白蚁等。

鹩哥头后两侧各有一鲜黄色肉质垂片，与眼下和眼后的三角形大块鲜黄裸露的皮相连。

披着金甲的小精灵——金龟子

金龟子大多分布在热带地区，成虫主要以树叶和果实为食物，身长为 16~21 毫米。金龟子的外壳坚硬，表面非常光滑，大多都泛着金属光泽。金龟子的种类非常多，几乎每种金龟子都有非常坚硬的外壳——鞘翅，鞘翅的色彩多变，光彩夺目。在灿烂的阳光下，它们总是闪烁着各种各样的色泽。

金龟子的"导航系统"非常发达，它们能够根据天空的偏振光来导航。有人曾做过一个相关的试验，他们将金龟子放置在一块木板上，结果无论木板如何倾斜，只要它们能够看到天空和太阳，就能够顺利地回家，从来不会迷失方向。

金龟子多在夜间活动，有趋光性。

金龟子是害虫，它们咬食叶片，严重时仅剩主脉。

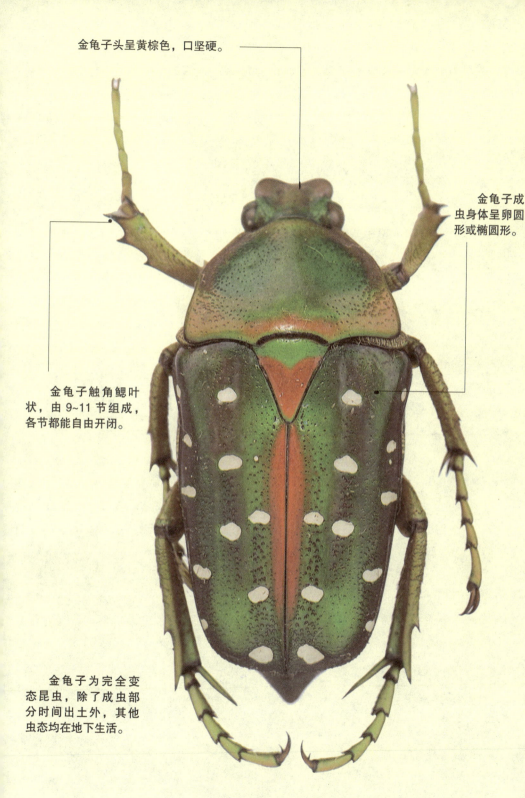

金龟子头呈黄棕色，口坚硬。

金龟子成虫身体呈卵圆形或椭圆形。

金龟子触角鳃叶状，由 9~11 节组成，各节都能自由开闭。

金龟子为完全变态昆虫，除了成虫部分时间出土外，其他虫态均在地下生活。

白兀鹫分布于非洲大部分地区，为埃及国鸟。

会使用工具的鸟——白兀鹫

　　在非洲热带草原上，有一种会使用工具的鸟，这是一种中型猛禽，名叫白兀鹫。这种鸟不仅吞食动物尸体，还吃鸵鸟蛋，但鸵鸟蛋的壳既厚又硬，白兀鹫的嘴和爪子无法打破，它们就发明了一种"高空轰炸法"：用双爪紧紧抓住一块重 300 克左右的石块，然后飞到 80～100 米的高度松开双爪，让石块从空中落到鸵鸟蛋上，一举将蛋打破。对于白兀鹫而言，丢石头是一种与生俱来的行为，也是长期进化的结果，更是它们能够在自然界生存下去的保证。

研究人员发现，为了吸引配偶的注意，白兀鹫会吃牛羊的粪便，因为粪便中含有一种鸟类自己不能生成的类胡萝卜素，它可以使白兀鹫眼睛周围呈现明亮的黄色。

白兀鹫多生活在开阔的平原或半沙漠地带。腐食性，有时会袭击其他鸟的鸟巢，盗食雏鸟和鸟卵。

自然档案馆

纲：鸟纲

目：隼形目

科：鹰科

狂风中的"不倒翁"——海鸠

生活在太平洋沿岸地区的海鸠，生着短尾，翅膀又窄又短，天生是一把游泳好手。最令人称奇的莫过于它们"生产"的不倒翁。这种不倒翁就是它们产的蛋。它们将蛋产在峭壁上，狂风吹来，海鸠蛋只会原地滴溜溜地打转，而绝不会被风刮跑。因为海鸠蛋的重心极低，样子极像不倒翁。我们人类的祖先在制造不倒翁的时候，也是受到了这类鸟蛋的启发也说不定呢！

海鸠生活于太平洋、大西洋北部，善潜水捕鱼，除了繁殖期外它们很少上岸。

海鸠呼吸系统发达，身体结构特殊，能够抵抗深海海水的巨大压力。

最近，在阿伯丁东北 160 千米处，英国科学家在英国北海 89 米深处拍摄到了一只潜入海水的海鸟，时间达 30 秒。科学家分析了录像后确定这只海鸟是海鸠。在此之前人类所知的海鸠潜水深度为 60 米。

智多星训练营

海鸠所产的蛋比起鸡蛋来，更不像球形。海鸠蛋的形状很像一只陀螺，其动力学结构使之滚动时不会直线滚走，而是紧绕着环形滚动。与筑巢鸟相比，海鸠就像一个冒失鬼，把陀螺形的鸟蛋直接产在海岸边光滑的悬崖边缘上。

成年海鸠体长约 40 厘米，通常会潜入海水 30-50 米以捕获小鱼。

猫咪的胡须

猫的身体分为头、颈、躯干、四肢和尾五部分，大多数全身被毛，少数为无毛猫。猫的嘴两侧、眼、脸颊、下巴等四个部位长着胡子。猫的胡子根部布满神经，轻微的动静都能被察觉，据说2毫克的东西拂过猫咪都能感觉得到，而且连气流、风向都逃不过猫咪的感知。猫用自己的胡须可以判断自己所在的位置、场所，了解自己和老鼠的位置关系，还能用胡子测量老鼠的洞口大小，使它能不失时机地捉住老鼠。如果把猫的胡子剃光，它就变得呆呆傻傻的，就像盲人走路没有拐棍一样，很难捉到老鼠了。

猫的趾底有脂肪肉垫，行走无声。趾端生有锐利的爪，能缩进和伸出。

猫的眼睛具有异乎寻常的收集光线的能力，加上它那高性能的听力及惊人的集中力，使得它在黑夜中也能视物。

自然档案馆

纲：哺乳纲

目：食肉目

科：猫科

思乡的"游子"——大麻哈鱼

大麻哈鱼历来被人们视为名贵鱼类。它们身体长而侧扁，吻端突出，形似鸟喙一般。大麻哈鱼生在河里，长在海中。一般大麻哈鱼会在海洋里生活4年，在此之后，它们会不顾路途遥远，千里甚至万里迢迢准确洄游到它诞生的淡水中产卵。由于大麻哈鱼数目众多，并且它们的这一旅行是单程的（一般产卵后都死在江河中），所以洄游会把它们在海洋中吸收的大量的物质和能量带回到内陆，养活了内陆许多的生物。大麻哈鱼之所以要洄游，是因为大麻哈鱼的卵和幼鱼只能在淡水中生存。

智多星训练营

　　大麻哈鱼经济价值极高，体大肥壮，肉味鲜美，可以加工成多种食品。大麻哈鱼的鱼子直径约 7 毫米，色泽嫣红透明，宛如琥珀，营养价值极高，是做鱼子酱的上好原料。

大麻哈鱼在海中生活时体色银白，繁殖期间入河洄游，色彩会变得非常鲜艳。

自然档案馆

纲：硬骨鱼纲
目：鲱形目
科：鲑科

大麻哈鱼为凶猛的肉食性鱼类，幼鱼时吃底栖生物和水生昆虫，在海洋中主要以玉筋鱼和鲱鱼等小型鱼类为食。

会爬越堤岸的鱼——攀鲈

　　鱼儿都是自由自在地畅游在水中的，可你听说过会爬越堤岸的鱼吗？有一种鱼叫攀鲈，它们平时栖息在水流缓慢、淤泥较多的水中。当水体干涸或环境不适时，它们常依靠摆动鳃盖、胸鳍、翻身等办法爬越堤岸、坡地，移居新的水域，或者潜伏于淤泥中。攀鲈的鳃上器非常发达，能呼吸空气，所以它在水体缺氧或者完全离水时可以生活较长时间。攀鲈以小鱼、小虾、浮游动物、昆虫及其幼虫等为食。

　　龟壳攀鲈是攀鲈科的小型鱼类，属多年生，群或独居、昼行、肉食及腐尸食性的原生淡水鱼类，成鱼及幼鱼均属近水表之自由游泳动物，主要摄小型水生动物包括蚯蚓、昆虫、小鱼以及它们的遗骸。

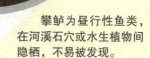

攀鲈为昼行性鱼类，在河溪石穴或水生植物间隐栖，不易被发现。

攀鲈吻两侧泪骨及鳃盖缘均具强锯齿。

攀鲈体表被有硬而厚的栉鳞，背鳍及臀鳍各具锋锐硬棘。

龟壳攀鲈为热带亚热带野生淡水经济鱼类，肉质嫩滑，味道鲜美，营养丰富，在马来西亚有"咖喱汁"之称。

智多星训练营

龟壳攀鲈对咸盐水有一定程度的耐受性，故能广泛分布于低地及近河口沼泽地区。在华南区域受暴雨影响而有洪汛的时候，珠江下游的龟壳攀鲈则能乘洪水冲至香港西部大屿山以北及流浮山一带，它们从极淡的海面游到沿岸各大小河溪，周而复始。

会"手语"的巴拿马金蛙

巴拿马金蛙是一种长相漂亮的两栖动物。它们体长 4~5.5 厘米，吻很尖，鼓膜不明显。巴拿马金蛙有苗条的身躯和修长的四肢，但内、外侧手指和脚趾都特别短。其皮肤光滑，体色呈鲜艳的黄色或橘色，有明显的黑色斑点，这些斑点具有警告功能。科学家们发现，它们还具有一种特殊的本领，那就是靠"手语"来进行交流。巴拿马金蛙有靠轻轻挥动前肢来传递信息的行为。它们用不同的"手语"表达不同的意思，有的是和同伴打招呼，有的是向异性求爱，有的则是恐吓敌人。

巴拿马金蛙皮肤含有剧毒，一只金蛙产生的毒液足以杀死 20 000 只老鼠和 100 个成人。

巴拿马金蛙是巴拿马最重要的文化象征之一，代表着吉祥。

巴拿马金蛙美丽的外表是一种警戒色，据说，它们死时会完全变成金色。

智多星训练营

纲：两栖纲

目：无尾目

科：蛙科

不一样的建筑师——灶鸟

灶鸟是雀形目灶鸟科鸟类的统称。典型的灶鸟体形较大，体长 15~20 厘米，身体呈浅褐色，样子长得有点像鸫，它们的头部长有装饰性的羽毛或肉垂。灶鸟大部分分布在南美洲的开阔地带，它们将巢修建在树枝、木桩上或屋顶突出的地方，其巢高约 30 厘米，是用泥土和草建造的。远远望去，就好像一个搭建在树枝上的灶台，十分有趣。棕灶鸟是灶鸟科中的一种，也是其中建筑技术最高超的一种。棕灶鸟的巢大小约有足球那么大，并且十分坚硬。同时，棕灶鸟也是阿根廷的国鸟，深受阿根廷人的喜爱。

灶鸟是一种很少受人类活动影响的鸟，被世界自然保护联盟列为无危级别的鸟类。

灶鸟喜欢建造圆顶形巢穴，巢口开在侧面，看上去有点像烤箱，因此才有了"灶鸟"的称号。

海蛇的致命毒液

　　海蛇大多数分布在太平洋和印度洋，它们用扁平的尾巴像船桨一样在水中划行。海蛇很善于游泳，还能潜水。海蛇有毒牙，毒液类似眼镜蛇的毒，毒性却比眼镜蛇的更强，是氰化钠毒性的80倍，可以称得上是毒性最强的动物毒液。多数海蛇只有在受到骚扰时才伤人。被咬伤的人没有疼痛感，毒性潜伏一段时间才发作。中毒后，人的表现为全身无力、酸痛，眼皮下垂，下巴僵硬，有点像破伤风的症状。不过那时人的心脏和肾脏已经受到严重损伤，可能在几小时至几天内死亡。

海蛇躯干呈圆筒形，身体细长，后端及尾侧扁。背部深灰色。

自然档案馆

纲：爬行纲

目：有鳞目

科：眼镜蛇科

在海蛇的生殖季节，它们往往聚拢在一起，形成绵延几十千米的"长蛇阵"。绝大多数为卵胎生（扁尾海蛇属卵生）。

图书在版编目（CIP）数据

小动物大智慧／崔钟雷主编. -- 北京：知识出版社，2014.8
（奇趣百科大揭秘）
ISBN 978-7-5015-8184-9

Ⅰ. ①小… Ⅱ. ①崔… Ⅲ. ①动物 – 青少年读物
Ⅳ. ①Q95-49

中国版本图书馆 CIP 数据核字(2014)第 193081 号

奇趣百科大揭秘——小动物大智慧

出 版 人	姜钦云	
责任编辑	周玄	
装帧设计	稻草人工作室	
出版发行	知识出版社	
地　　址	北京市西城区阜成门北大街 17 号	
邮　　编	100037	
电　　话	010-88390659	
印　　刷	北京一鑫印务有限责任公司	
开　　本	889mm×1194mm　1/16	
印　　张	8	
字　　数	60 千字	
版　　次	2014 年 9 月第 1 版	
印　　次	2020 年 2 月第 3 次印刷	
书　　号	ISBN 978-7-5015-8184-9	
定　　价	28.00 元